Jordi Bayarri

DARWIN

LA EVOLUCIÓN DE LA TEORÍA

Este es un tebeo sobre Charles Darwin,
pero en realidad la ciencia no la hacen grandes genios
sino todos los científicos pensando juntos.

Jordi Bayarri
Guion y Dibujo

Tayra MC Lanuza Navarro
Documentación y Supervisión Histórico-Científica

COLECCIÓN CIENTÍFICOS 1.

Darwin, la evolución de la teoría - 4ª edición.

Apdo. de Correos 112
46120 Alboraia (València)

Impreso en España.
ISBN 978-84-127615-8-0
Depósito Legal: V-2136-2024

www.coleccion-cientificos.com

CHARLES DARWIN NACIÓ EL 12 DE FEBRERO DE 1809, EN *THE MOUNT*, LA CASA DE LA FAMILIA EN SHREWSBURY (INGLATERRA).
FUE EL QUINTO DE SEIS HERMANOS. LA FAMILIA DE SU MADRE TENÍA UNA PRÓSPERA FÁBRICA DE CERÁMICA. A LA MUERTE DE SU MADRE, SUS HERMANAS CUIDARON DE ÉL.
SU PADRE, ROBERT DARWIN, MÉDICO Y FINANCIERO, ERA UN HOMBRE MUY ESTRICTO.

ERASMUS DARWIN, SU ABUELO, TAMBIÉN ERA MÉDICO Y CIENTÍFICO, Y ESCRIBÍA POEMAS SOBRE EL EVOLUCIONISMO.
DESDE MUY PEQUEÑO, CHARLES SE INTERESÓ POR LA CIENCIA.
Y HACÍA EXPERIMENTOS DE QUÍMICA CON SU HERMANO MAYOR, ERASMUS.
PERO LO QUE MÁS LE GUSTABA ERA OBSERVAR LA NATURALEZA A SU ALREDEDOR.
NO SE CANSABA NUNCA DE PASEAR POR EL CAMPO, FIJÁNDOSE EN LOS INSECTOS U OTROS ANIMALES.

¡MIRA, TÍO JOSH!
¡MIRA QUÉ SALTAMONTES MÁS BONITO!
¡EL OTRO DÍA, VI UN ESCARABAJO CON UNOS CUERNOS MUY GRANDES!
¡SÍ QUE TE GUSTAN LOS ANIMALES, CHARLES! ¿ACASO QUIERES SER NATURALISTA?

¿NATURALISTA? ¡NO, NI HABLAR! ¡TÚ SERÁS MÉDICO!
¡PERO, PADRE!
¡TÚ SERÁS MÉDICO IGUAL QUE YO Y QUE TU ABUELO!
¡SER MÉDICO ES UNA PROFESIÓN RESPETABLE!
¡MÍRAME A MÍ, NO SOLO SOY EL MÉDICO DE LA COMARCA SINO QUE, ADEMÁS, SOY UN IMPORTANTE BANQUERO AL QUE TODOS VIENEN A PEDIR DINERO O CONSEJOS!
¡SERÁS MÉDICO! ¡IRÁS A ESTUDIAR A EDIM-BURGO!
SÍ, PADRE.

EDIMBURGO, 1825.
BIENVENIDOS A LA CLASE DE ANATOMÍA...
...HOY HAREMOS LA DISECCIÓN DE ESTE CADÁVER Y ESTUDIAREMOS LAS VÍSCERAS...
¡GLUPS!
PRIMERO, HACEMOS UNA INCISIÓN EN EL ABDOMEN.

AQUÍ ESTÁ EL ESTÓMAGO...
...EL HÍGADO.
...EL PÁNCREAS.
BONK!
¡EH, CHARLES! ¿ESTÁS BIEN?
¡CHARLES!
¡PROFESOR MONRO, DARWIN SE HA VUELTO A DESMAYAR!
¡OH! VAYA...
LLEVADLO FUERA Y QUE TOME UN POCO EL AIRE...

¡LO SIENTO, PADRE! ¡LO HE INTENTADO!
¡ME HAS DECEPCIONADO, CHARLES! ¡QUÉ VERGÜENZA!
MUY BIEN, SI NO VAS A SER MÉDICO...
IRÁS A CAMBRIDGE Y ESTUDIARÁS TEOLOGÍA.
UNIVERSIDAD DE CAMBRIDGE.
NUESTRA MISIÓN ES CONOCER LA OBRA DE DIOS MEDIANTE EL ESTUDIO DE LA NATURALEZA.
¿QUIÉN QUIERE VENIR CONMIGO A GALES A UNA EXPEDICIÓN?

¡YO! ¡YO, PROFESOR SEDGWICK!
BIEN, SEÑOR DARWIN...
...TENEMOS QUE RECORRER EL VALLE Y ANOTAR LOS CAMBIOS EN LOS ESTRATOS, ¡VAMOS!
¿CANSADO, SEÑOR DARWIN?
SÍ.
¡PIENSE QUE, CON SU ESFUERZO, EL MAPA DE ESTE VALLE SERÁ MÁS EXACTO!

¡OH!
¡QUÉ ESCARABAJOS MÁS MAGNÍFICOS!
¡LOS TENGO QUE AÑADIR A MI COLECCIÓN!
PERO... ¡HAY TRES Y YO SOLO TENGO DOS MA-NOS! ¿CÓMO ME LOS LLEVARÉ?

¡YA LO SÉ!
¡LLEVARÉ UNO EN LA BOCA!
¡QUÉ LISTO QUE SOY!
¡Y AHORA, A CASA!
¿?
¡ECS!
¡PUAAJ!

ME HIZO VOMITAR... ¡Y, ADEMÁS, ME HIZO PERDER LOS TRES ESCARABAJOS!
¡QUÉ COSAS TE PASAN, CHARLES!
SEÑOR DARWIN.
¡PROFESOR HENSLOW!
VENGA CONMIGO, QUIERO HABLARLE DE UNA PROPUESTA MUY INTERESANTE...
MI AMIGO EL SEÑOR PEACOCK ME HA PEDIDO QUE BUSQUE A ALGUIEN...
EL CAPITÁN FITZROY ZARPA DE VIAJE A LOS MARES DEL SUR Y NECESITA A ALGUIEN CON CONOCIMIENTOS CIENTÍFICOS QUE LE ACOMPAÑE, ¡ES UNA GRAN OPORTUNIDAD!

SÍ... ¡SÍ QUE ES UNA BUENA OPORTUNIDAD DE RECORRER EL MUNDO Y VER MUCHAS COSAS!
¿UN VIAJE? ¿EN BARCO? ¡IMPOSIBLE!
¡DE NINGUNA MANERA!
PERO, PADRE... ¿POR QUÉ NO? ¡PODRÉ RECOGER ESPECÍMENES Y...
¿RECOGER ESPECÍMENES? ¿AÚN SIGUES CON ESO? ¡TÚ NO VAS A NINGUNA PARTE Y PUNTO!
HAY TANTAS RAZONES PARA NO IR A ESE VIAJE QUE TE VOY A HACER UNA LISTA Y TODO...
RAZÓN NÚMERO UNO...

¿QUÉ PUEDO HACER, TÍO JOSH?
UNA LISTA, YA VEO... ¡TU PADRE SIEMPRE TAN PRÁCTICO!
Y TIENE EN POCA ESTIMA EL OFICIO DE NATURALISTA... ESTÁ CLARO QUE NO SABE EL TRABAJO TAN IMPORTANTE QUE SUPONE EL ESTUDIO DE LA NATU-RALEZA...
¡TRAN-QUILO!
SI QUIERE LISTAS, AHORA LE HARÉ UNA REBATIENDO SUS RAZONES Y YA VERÁ...
¿? ¿DE MI CU-ÑADO?

VEN, CHARLES... AHORA QUE SABE NUESTRAS RAZONES LE CONVENCE-REMOS...
¡YA SÉ A QUÉ VENÍS PERO NO HACE FALTA HABLAR MÁS! ¡VUESTRA LISTA ME HA CONVENCIDO! ¡CHARLES, PUEDES IR A ESE VIAJE!
¿CAPITÁN FITZROY? SOY CHARLES DARWIN.
¡AH! ¿LE ENVÍA PEACOCK, VERDAD? ¡BIEN-VENIDO!
¿CUÁNDO ZARPAMOS?
DENTRO DE CUATRO SE-MANAS...

27 DE DICIEMBRE DE 1831, EL *BEAGLE* ZARPA DEL PUERTO DE PLYMOUTH.

¡AW!
¡ESTOY MUY MAREADO!
¡TRANQUILO, FILÓSOFO, YA SE ACOSTUMBRARÁ!
¡SÍ, SERÁ TODO UN LOBO DE MAR!
MIRE...
SON TRES INDÍGENAS DE TIERRA DE FUE-GO.
¡LOS LLEVAMOS DE VUELTA A SU PAÍS, DESPUÉS DE ENSEÑARLES NUESTRAS COSTUMBRES CIVI-LIZADAS!

¡TODOS A TIERRA!
BIEN, REVERENDO, ¿ESTÁ LISTO PARA FUNDAR SU MISIÓN?
¡CLARO! CON LA AYUDA DE NUESTROS AMIGOS ENSEÑAREMOS A LOS INDÍGENAS LAS BUENAS COSTUMBRES CRISTIANAS.
¡EH, SEÑOR DARWIN!
¿?
UN COMPAÑERO HA ENCONTRADO UNA DE ESAS PIEDRAS QUE COLECCIONA USTED, ¿QUIERE VERLA?
¡SÍ, VAMOS!

¡VAYA! ¡SI SON FÓSILES! ¡Y EN MUY BUEN ESTADO! ¡MAGNÍFICO!
¡Y NO ES UN FÓSIL CUALQUIERA! ¡ESTO PARECE SER PARTE DE UN MEGATERIO!
SE LO ENVIARÉ TODO AL PROFESOR HENSLOW, EN CAMBRIDGE.
Y ASÍ...
¡AH! ¡OTRO PAQUETE DE DARWIN!
LO GUARDARÉ CON LOS QUE YA ME HA ENVIADO...
¡CUANDO VUELVA TENDRÁ MUCHO TRABAJO PARA CATALOGAR TODO ESTO!

GRACIAS POR ALOJARNOS EN SU HACIENDA...
¡YA LLEVÁBAMOS MAS DE SEIS MESES EN ALTA MAR!
DE NADA, ¡LOS MARINOS DE LA ARMADA REAL SON BIENVENIDOS!
ESA GENTE...
¿QUIÉNES SON?
¿QUE QUIÉNES SON? ¡SON MIS ESCLAVOS! TRABAJAN PARA MÍ EN MIS PLANTACIONES...
¿ESCLAVOS? ¿PERO, CÓMO PUEDE TENER ESCLAVOS? ¡TAMBIÉN SON CRIATURAS DE DIOS! ¡ES IMMORAL!
¡NO ES JUSTO!

¿JUSTO? ¿QUÉ MÁS DA? NO SON BLANCOS, POR LO TANTO SU MISIÓN ES SERVIRNOS... ¡A ELLOS YA LES VA BIEN ASÍ!
¿AH, SÍ? ¿ESTÁ SEGURO?
¿QUIERE QUE SE LO PREGUNTE? ¡LO HARÉ!
¡TÚ! ¿TE GUSTA SER MI ESCLAVO?
¿YO? ¡CLARO QUE SÍ, AMO!
¡YO TAMBIÉN!
¿VE COMO ESTÁN CONTENTOS?
¡CLARO! ¿QUÉ QUIERE QUE DIGAN CON USTED DELANTE?
¡YA ME ESTÁ TOCANDO LAS NARICES! ¡FUERA DE MI CASA!
¡VENGA! ¡VOLVAMOS AL *BEAGLE*!
¡ESTO ES INTOLERABLE! ¡ESE HOMBRE ES UN ESCLAVISTA!

¡AH! ¡QUÉ ESCARABAJO MÁS BONITO!
¡A LA BOLSA!

ES CURIOSO, EN TODAS...
...LAS ISLAS HAY LOS MISMOS INSECTOS PERO CON ALGUNAS DIFERENCIAS...
...QUIZÁ CUANDO SUS ANTEPASADOS LLEGARON A LAS ISLAS ERAN COMPLETAMENTE IGUALES.
¿ES POSIBLE QUE, CON EL PASO DEL TIEMPO Y LAS GENERACIONES, SE HAYAN IDO ADAPTANDO A LAS DIVERSAS CONDICIONES DE VIDA DE CADA ISLA?
SEÑOR DARWIN, EL CAPITÁN DICE QUE VAMOS A ZARPAR.
AH, MUY BIEN.

¡MAGNÍFICO!
¡SÍ! ¡ES IMPRESIONANTE!
¿VE? LYELL, EL GEÓLOGO, YA LO DICE EN SUS ESCRITOS, LA TIERRA CAMBIA DE FORMA CONSTANTEMENTE...
¡YA LO HA VISTO!
¡MHH, SÍ! Y SI LA TIERRA PUEDE TRANSFORMARSE... ¿POR QUÉ NO TAMBIÉN LOS SERES VIVOS? ¡ES LO MÁS LÓGICO!
PERO NO DE GOLPE, SINO POCO A POCO, CON EL PASO DEL TIEMPO...

¡CLARO QUE LOS ANIMALES CAMBIAN! ¡YA LO CREO! ¡SE LO PUEDO ASEGURAR, SEÑOR DARWIN!
LLEVO YA MUCHO TIEMPO EN ESTA MISIÓN Y TENGO UN POCO DE NATURALISTA...
HE OBSERVADO A LOS PINZONES Y HE VISTO QUE, EN CADA ISLA, SE ALIMENTAN DE COSAS DIFERENTES Y TAMBIÉN TIENEN EL PICO DIFERENTE...
CREO QUE HAN IDO CAMBIANDO, ADAPTANDO LOS PICOS A LOS ALI-MENTOS QUE COMEN...
¡NO HAY DUDA DE QUE EVO-LUCIONAN!
¡CLARO!
¡Y TAMBIÉN LOS INSECTOS QUE HE VISTO, Y LAS IGUA-NAS, Y LAS TORTUGAS DE LAS GALÁPA-GOS!

¡INGLATERRA! ¡POR FIN VOLVEMOS A CASA!
¿QUÉ VA A HACER AHORA, SEÑOR DARWIN?
TENGO UNA TEORÍA QUE QUIERO PONER A PRUEBA... ¡HARÉ UNOS EXPERIMENTOS!
DOWN HOUSE, 1846.
Y AQUÍ ES DONDE EXAMINO LOS PERCEBES QUE CRÍO PARA VER LAS DIFERENCIAS GE-NERACIONALES...
¡MMH, SÍ! MUY BIEN PENSADO, CHARLES
YA LO VEO...

ESTOY DECIDIDO A COMPROBAR CÓMO LAS DIFERENTES TRANSFOR-MACIONES PASAN DE PADRES A HIJOS...
¿Y HAS EXAMINADO TAMBIÉN OTRO TIPO DE ANIMALES? ¿O PLANTAS?
SÍ, TAMBIÉN CRÍO PALOMAS Y TENGO EL INVERNADERO... PERO LO MEJOR ES QUE...
...ESTOY EN CONTACTO PERMA-NENTE CON MUCHOS ESPECIALISTAS QUE ME INFORMAN.
Jardines Botánicos
Thomas Huxley
Médicos de Hospitales
Asa Gray
John Gould
Richard Owen
Down House
Entomólogos
Sociedad Geológica Londres
Alfred Wallace
Ernst Haeckel
Jardineros
Exploradores
Ganaderos
¡OH, ES FANTÁS-TICO! ¡TODA UNA RED DE INFORMADORES!
¡QUÉ IDEA TAN BUENA!

POR CIERTO, ¿IRÁS A OXFORD? LA SOCIEDAD BRITÁNICA PARA EL AVANCE DE LA CIENCIA TIENE UNA SESIÓN.
SÍ, PARA HABLAR DEL "VESTIGIOS"... QUIERO OÍR LO QUE PIENSAN DE ESE LIBRO...
YA QUE EXPONE UNA TEORÍA MUY SEMEJANTE A LA MÍA.
¡SILENCIO, SEÑORES! EMPECEMOS.
TIENE LA PALABRA EL SEÑOR SEDGWICK.

¡"VESTIGIOS DE LA HISTORIA NATURAL DE LA CREACIÓN" ES UN LIBRO NEFASTO! ¡EN ÉL NO HAY NI CONOCIMIENTO CIENTÍFICO NI INVESTIGACIÓN! PROSIGA USTED, SEÑOR HOOKER...
¡QUIERO AÑADIR QUE EL AUTOR NO DEBERÍA AFIRMAR NADA SIN ESTUDIAR MINUCIOSAMENTE LAS ESPECIES ANIMALES!
UNA TEORÍA COMO ESTA SÓLO SE PUEDE SUSTENTAR EN UNA INVESTIGACIÓN EXHAUSTIVA Y FIRME!
LYELL, ¿HAS OÍDO A HERSCHEL?
¡AÚN TENGO QUE INVESTIGAR MUCHO, ANTES DE PUBLICAR MI TEORÍA!

¡CORREO, SE-
ÑOR DARWIN!
¿QUÉ ES,
CHARLES?
¡OH! ¡ESTO ES
INCREÍBLE!
¡ALFRED WALLACE ME
ENVÍA UN ARTÍCULO
QUE HA ESCRITO SOBRE
LA EVOLUCIÓN DE LAS
ESPECIES ANIMALES!
ÉL SE
DEDICA A
RECOGER
ESPECÍMENES
QUE DES-
PUÉS VENDE
A MUSEOS...
A BASE DE OBSER-
VAR A ANIMALES
Y FÓSILES SE LE
HA OCURRIDO UNA
TEORÍA EVOLUTIVA...
HA ESCRITO UN ARTÍCULO
EXPONIÉNDOLA Y QUIERE PUBLI-
CARLO... ¡Y ME PIDE QUE LE DÉ
MI OPINIÓN!

¡PERO SU TEORÍA ES IGUAL QUE LA MÍA! ¡ES COMO SI HUBIERA ESCRITO UN RESUMEN!
¡YA TE DIJE HACE TIEMPO QUE LA PUBLICARAS!
CALMA, LYELL, NO PASA NADA...
LO PODEMOS ARREGLAR, SOLO HAY QUE PENSAR UN POCO...
PERO HABLA DE LA SELECCIÓN NATURAL, Y CITA A LAMARCK, A BUFFON, A FÉLIX DE AZARA...
SÍ, SON TEORÍAS CASI IGUALES, QUIZÁ PODÁIS PUBLICAR UN ARTÍCULO CONJUNTAMENTE...
APARTE DE ESO, TIENES QUE ACABAR TUS EXPERIMENTOS...
¡Y PUBLICAR TU LIBRO!

YO ESCRIBIRÉ A WALLACE PARA PROPONERLE...
"LA PUBLICACIÓN CONJUNTA DEL ARTÍCULO CON EL SEÑOR DARWIN"
¿BUENAS NOTICIAS, WALLACE?
¡YA LO CREO! ¡EL SEÑOR DARWIN QUIERE QUE PUBLIQUE-MOS JUNTOS NUESTRA TEORÍA!
¿QUÉ TAL VA?
¡YA CASI ESTÁ! ¡PIENSA QUE SON MUCHOS AÑOS DE INVESTI-GACIÓN!
¡EL ARTÍCULO CON WALLACE YA ESTÁ PU-BLICADO!
AHORA SOLO QUEDA TU LIBRO...
LINEANA
LONDRES

SEÑORES, NOS HEMOS REUNIDO HOY AQUÍ PARA PRESENTAR EL LIBRO DE CHARLES DARWIN.
"EL ORIGEN DE LAS ESPECIES", DONDE PRESENTA SU TEORÍA...
¿POR QUÉ NO ESTÁ AQUÍ EL SEÑOR DARWIN?
BIEN... ÉL PIENSA QUE LO MÁS IMPORTANTE DE SU TRABAJO ES LA INVESTIGACIÓN...
...Y, COMO CREE QUE ESTE LIBRO ES SOLO EL PRINCIPIO...
ESTÁ EN SU CASA, ESTUDIANDO...
FIN.

Quién es quién en el mundo de DARWIN

Textos: Tayra Lanuza
Dibujos: Jordi Bayarri

Adam Sedgwick (1785-1873)

SEDGWICK ERA UN DESTACADO GEÓLOGO CUYO TRABAJO SOBRE LA CLASIFICACIÓN DE LAS ROCAS DEL PERÍODO CÁMBRICO, Y SOBRE ESTE PERÍODO GEOLÓGICO, ASÍ COMO SOBRE EL SILÚRICO, CARBONÍFERO Y DEVÓNICO, CARACTERIZACIONES QUE ÉL MISMO PROPUSO, FUE FUNDAMENTAL EN EL DESARROLLO DE LA GEOLOGÍA. FUE PROFESOR DE DARWIN EN CAMBRIDGE, Y SE LO LLEVÓ CON ÉL A UN VIAJE PARA REALIZAR TRABAJO GEOLÓGICO DE CAMPO EN GALES. EN ESTE VIAJE, QUE TUVO UN GRAN IMPACTO EN DARWIN, SEDGWICK LE DIJO QUE LA CIENCIA CONSISTÍA EN AGRUPAR HECHOS DE MODO QUE SE PUDIERAN ESTABLECER LEYES, Y QUE PARA PODER ELABORAR UNA TEORÍA ERA NECESARIO QUE HUBIERA MUCHAS EVIDENCIAS MUTUAMENTE RELACIONADAS. SEDGWICK NO LLEGÓ A ACEPTAR LA TEORÍA DE LA EVOLUCIÓN DE DARWIN, QUE CONTRADECÍA SUS IDEAS SOBRE EL PROPÓSITO TEOLÓGICO DE LAS CIENCIAS DE LA NATURALEZA.

John Stevens Henslow (1796-1861)

HENSLOW ERA UN APASIONADO DE LA HISTORIA NATURAL, HABÍA ESTUDIADO GEOLOGÍA, MINERALOGÍA Y QUÍMICA, Y CUANDO DARWIN LLEGÓ A CAMBRIDGE ERA EL PROFESOR DE BOTÁNICA. JUNTO CON SU AMIGO ADAM SEDGWICK, LUCHÓ PARA PROMOVER LOS ESTUDIOS DE HISTORIA Y FILOSOFÍA NATURAL EN LA UNIVERSIDAD Y REVITALIZAR LA ACTIVIDAD CIENTÍFICA DEL PROFESORADO. HENSLOW LLEVABA A SUS ALUMNOS A EXCURSIONES DE CAMPO, Y ORGANIZABA LOS VIERNES CENAS EN LAS QUE SE HABLABA DE CIENCIA Y SE DISCUTÍAN IDEAS Y ESPECÍMENES. SE CONVIRTIÓ EN UN GRAN AMIGO DE DARWIN, LE PUSO EN CONTACTO CON FITZROY PARA QUE PUDIERA IR EN EL BEAGLE, Y SE OCUPÓ DE RECIBIR Y EMPEZAR A CLASIFICAR LO QUE DARWIN RECOLECTABA EN EL VIAJE, ADEMÁS DE PROMOCIONAR SU NOMBRE Y SU TRABAJO ANTE LAS SOCIEDADES CIENTÍFICAS INGLESAS.

Charles Lyell (1797-1875)

CHARLES LYELL ERA UN ESCOCÉS QUE HABÍA ESTUDIADO DERECHO EN OXFORD Y EJERCIDO COMO ABOGADO, HASTA QUE DECIDIÓ DEDICARSE PLENAMENTE AL ESTUDIO DE LA GEOLOGÍA. TRABAJÓ SOBRE VOLCANES Y TERREMOTOS, SOBRE ESTRATIGRAFÍA Y SOBRE LAS DIVISIONES DE LAS ERAS GEOLÓGICAS DEL TERCIARIO. SU CONTRIBUCIÓN FUNDAMENTAL FUE LA DEFENSA DE LA TEORÍA DE QUE LAS FUERZAS GEOLÓGICAS QUE FORMARON LA TIERRA CONTINUABAN ACTUANDO, Y LOS CAMBIOS GEOLÓGICOS ERAN GRADUALES. SU OBRA *PRINCIPIOS DE GEOLOGÍA* (*PRINCIPLES OF GEOLOGY*) DE 1830-33 ENSEÑÓ A DARWIN A PENSAR SOBRE LA NATURALEZA. PROMOVIÓ LA PUBLICACIÓN DEL ARTÍCULO CONJUNTO DE DARWIN Y WALLACE Y, AUNQUE NO COMPARTÍA TODOS LOS PUNTOS DE VISTA DE LA TEORÍA DE LA EVOLUCIÓN, LE APOYÓ SIEMPRE. SU INFLUENCIA FUE TAN IMPORTANTE QUE, SEGÚN LA HISTORIADORA DE LA CIENCIA J. BROWNE, SIN LYELL NO HABRÍA HABIDO UN DARWIN.

Robert FitzRoy (1805-1865)

FITZROY ERA MIEMBRO DE LA ALTA ARISTOCRACIA INGLESA, NIETO DE DUQUES Y MARQUESES Y BISNIETO DEL REY CARLOS II DE INGLATERRA. OFICIAL DE LA MARINA BRITÁNICA, ERA CONOCIDO POR SUS INTERESES CIENTÍFICOS Y CAPACIDADES MATEMÁTICAS. ESTO, CON SUS CONTACTOS, LO LLEVARON A SER EL CAPITÁN EN AQUEL SEGUNDO VIAJE DEL *BEAGLE*, QUE TENÍA EL OBJETIVO DE COMPLETAR LAS MEDICIONES NECESARIAS PARA CREAR MAPAS DE LA COSTA DE SUDAMÉRICA, EXPLORAR TIERRA DEL FUEGO Y REALIZAR MEDIDAS DE LONGITUD, UTILIZANDO NUEVOS INSTRUMENTOS CIENTÍFICOS, UN GRAN NÚMERO DE CRONÓMETROS Y RELOJES, ASÍ COMO EL APARATO PARA MEDIR LA FUERZA DE VIENTO DISEÑADO POR FRANCIS BEAUFORT. ESCRIBIÓ UNA OBRA RELATANDO LA EXPEDICIÓN, POR LA QUE RECIBIÓ RECONOCIMIENTO CIENTÍFICO, Y FUE POSTERIORMENTE GOBERNADOR DE NUEVA ZELANDA Y DIRECTOR DEL DEPARTAMENTO DE DATOS METEOROLÓGICOS DEL GOBIERNO BRITÁNICO.

Joseph Dalton Hooker (1817-1911)

HOOKER ERA UN DEDICADO BOTÁNICO. HABÍA ESTUDIADO MEDICINA, GRACIAS A LO CUAL CONSIGUIÓ UN PUESTO COMO AYUDANTE DEL CIRUJANO EN EL *EREBUS*, PARTICIPANDO ASÍ EN LA EXPEDICIÓN A LA ANTÁRTIDA DEL CAPITÁN JAMES CLARK ROSS ENTRE 1839 Y 1843. AQUEL ERA EL MISMO CIRUJANO QUE EL DEL *BEAGLE*, ROBERT MCCORMICK. HOOKER REALIZÓ OTRA EXPEDICIÓN A INDIA Y AL HIMALAYA EN 1847, Y PUBLICÓ UN GRAN NÚMERO DE OBRAS SOBRE LA FLORA DE LAS ZONAS QUE HABÍA EXPLORADO, COMO SU FAMOSA *FLORA OF BRITISH INDIA*. SE CASÓ CON UNA HIJA DE HENSLOW, FRANCES, Y ADEMÁS DE SU TRABAJÓ BOTÁNICO Y PALEOBOTÁNICO, CLASIFICÓ Y TRABAJÓ SOBRE LAS PLANTAS RECOLECTADAS POR DARWIN EN EL VIAJE DEL *BEAGLE*, QUE HENSLOW LE ENVIÓ. SE CONVIRTIÓ EN AMIGO DE DARWIN Y EN UNO DE LOS MAYORES DEFENSORES DE LA TEORÍA DE LA EVOLUCIÓN.

Thomas Henry Huxley (1825-1895)

HUXLEY ESTUDIÓ MEDICINA EN LONDRES, SE UNIÓ A LA MARINA BRITÁNICA PARA VIAJAR COMO CIRUJANO EN UNO DE SUS BUQUES, EL *RATTLESNAKE*, DURANTE VARIOS AÑOS, Y SE DEDICÓ AL ESTUDIO DE LA ANATOMÍA DE VARIOS ANIMALES MARINOS. ESTOS ESTUDIOS LE ACERCARON A DARWIN. HUXLEY FUE MIEMBRO DE LA ROYAL SOCIETY Y PROFESOR DE HISTORIA NATURAL EN LA ESCUELA REAL DE MINAS EN LONDRES. HUXLEY HIZO IMPORTANTES CONTRIBUCIONES CIENTÍFICAS EN ANATOMÍA Y PALEONTOLOGÍA. CUANDO SE PUBLICÓ EL ORIGEN DE LAS ESPECIES SE CONVIRTIÓ, JUNTO CON SU AMIGO HOOKER, EN UN GRAN DEFENSOR DE LA TEORÍA DE LA EVOLUCIÓN Y DEL TRABAJO DE DARWIN. ES PARTICULARMENTE FAMOSO SU DEBATE CON EL OBISPO DE OXFORD SAMUEL WILBERFORCE, EN PRESENCIA DE OTROS CRÍTICOS DE DARWIN COMO SEDGWICK Y FITZROY, EN EL QUE DEFENDIÓ LA TEORÍA JUNTO CON HENSLOW, HOOKER Y JOHN LUBBOCK.

Ernst Haeckel (1834-1919)

HAECKEL ERA UN NATURALISTA ALEMÁN QUE HABÍA ESTUDIADO MEDICINA. SE ESPECIALIZÓ EN ZOOLOGÍA Y REALIZÓ APORTACIONES CRUCIALES A LOS ESTUDIOS DE MORFOLOGÍA ANIMAL, EMBRIOLOGÍA Y MICROBIOLOGÍA. ES TAMBIÉN CONOCIDO COMO UN GRAN ILUSTRADOR, POR LOS CASI MIL BOCETOS Y BELLÍSIMAS ACUARELAS CON QUE ILUSTRÓ SU TRABAJO CIENTÍFICO. ENTRE SUS MUCHAS OBRAS DESTACA LA *MORFOLOGÍA GENERAL DE LOS ORGANISMOS*, DE 1866, QUE DEDICÓ A DARWIN, A LAMARCK Y A GOETHE. HAECKEL FUE EL MAYOR DEFENSOR DEL EVOLUCIONISMO EN ALEMANIA, Y A TRAVÉS DE SUS CLASES DE BIOLOGÍA EN LA UNIVERSIDAD DE JENA EDUCÓ A TODA UNA GENERACIÓN DE INVESTIGADORES, MOSTRANDO LAS NUEVAS ÁREAS DE INVESTIGACIÓN Y MÉTODOS DE ANÁLISIS QUE LA TEORÍA DE LA EVOLUCIÓN DE DARWIN ABRÍA EN TODOS LOS CAMPOS DE LA BIOLOGÍA.

Alfred Rusell Wallace (1823-1913)

WALLACE, QUE DESCUBRIÓ INDEPENDIENTEMENTE DE DARWIN LA EVOLUCIÓN DE LAS ESPECIES Y EL MECANISMO DE LA SELECCIÓN NATURAL, ERA UN NATURALISTA QUE HABÍA ESTUDIADO CIENCIAS POR SU CUENTA. HIZO UNA EXPEDICIÓN AL AMAZONAS PARA RECOGER ESPECÍMENES Y VENDERLOS A LOS MUSEOS Y COLECCIONISTAS DE INGLATERRA, AUNQUE LOS PERDIÓ EN UN NAUFRAGIO. PASÓ OCHO AÑOS EN MALASIA E INDONESIA, TRABAJÓ SOBRE LA DISTRIBUCIÓN GEOGRÁFICA DE LAS ESPECIES Y LAS TRIBUS HUMANAS, Y REDACTÓ SU TRABAJO SOBRE EVOLUCIÓN EN 1858. REFLEXIONABA SOBRE LA TRANSMUTACIÓN, EL LIBRO *VESTIGIOS*, LA OBRA DE LYELL, LAMARCK Y MALTHUS, COMO EL PROPIO TRABAJO DE DARWIN. LA PUBLICACIÓN CONJUNTA LE DIO ACCESO A LAS ELITISTAS SOCIEDADES CIENTÍFICAS BRITÁNICAS. FUE AMIGO Y CORRESPONSAL DE DARWIN MUCHOS AÑOS, Y ADEMÁS DE LA EVOLUCIÓN, DEFENDIÓ LAS REFORMAS SOCIALES IGUALITARIAS.

Familia Darwin

EL ABUELO ERASMUS, MÉDICO Y BOTÁNICO, CON SUS POEMAS SOBRE LA TRANSMUTACIÓN DE LAS ESPECIES. SU PADRE ROBERT, MÉDICO, QUE LE APOYÓ ECONÓMICAMENTE Y LE DABA CONSEJOS MÉDICOS. SU TÍO JOSHUA WEDGWOOD QUE LE APOYÓ EN SU CARRERA. SUS HERMANAS CAROLINE Y SUSAN, A LAS QUE ESCRIBÍA CARTAS DESDE EL BEAGLE CONTÁNDOLES SUS IDEAS. SU HERMANO ERASMUS, MÉDICO, CON QUIEN HACÍA EXPERIMENTOS QUÍMICOS DE NIÑO Y CON QUIEN COMPARTIÓ MUCHOS AÑOS Y SOCIEDADES CIENTÍFICAS. SU ESPOSA, SU PRIMA EMMA WEDGWOOD, HIJA DEL TÍO JOSH. DARWIN CONTABA CON MUCHOS OTROS TÍOS Y TÍAS, PRIMOS Y PRIMAS. DE ENTRE SUS DIEZ HIJOS, GEORGE, QUE FUE ASTRÓNOMO, FRANCIS, QUE FUE BOTÁNICO, Y HORACE, QUE FUE INGENIERO, Y HENRIETTA, QUE AYUDABA A SU PADRE EN SU TRABAJO Y EDITÓ SU AUTOBIOGRAFÍA Y UNA OBRA SOBRE SU MADRE.

BOCETOS

DISEÑOS DE CHARLES DARWIN, DE NIÑO, DE JOVEN Y DE ADULTO.

LYELL, HOOKER Y WALLACE, COLEGAS DE DARWIN.

ERASMUS DARWIN, Y EL DOCTOR ROBERT DARWIN, HERMANO Y PADRE DE CHARLES RESPECTIVAMENTE.

SEDGWICK, PROFESOR DE DARWIN EN CAMBRIDGE.

OTROS PERSONAJES.

CAPT. fitzRoy.
MARINEROS DEL BEAGLE.
ROBERT FITZROY,
CAPITÁN DEL HMS
BEAGLE.
CAPT. fitzRoy
prof. John Stevens Henslow

El Viaje del Beagle

27 de diciembre de 1831 - 2 de octubre de 1836

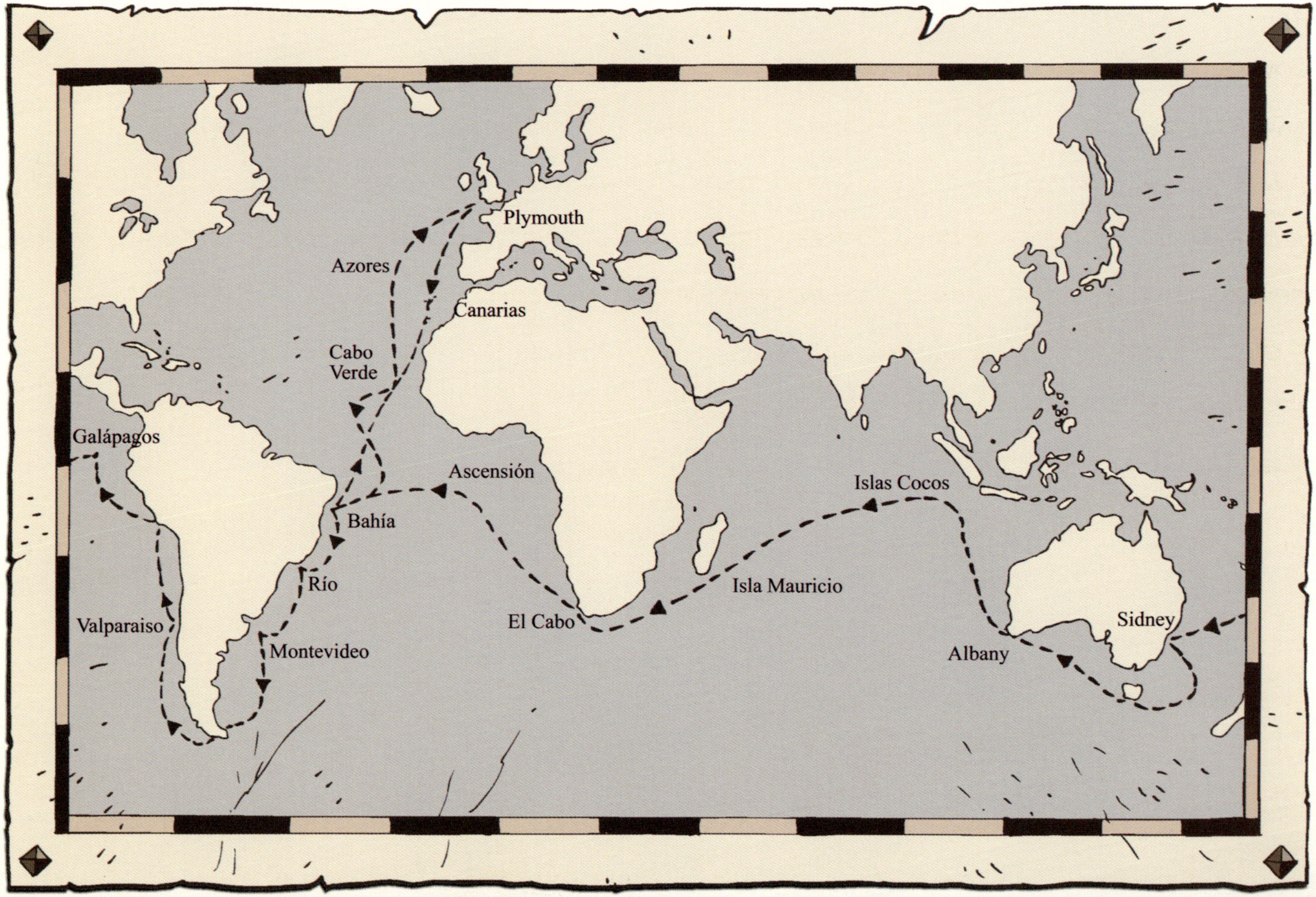

Bibliografía

SI QUIERES SABER MÁS SOBRE DARWIN Y OTROS CIENTÍFICOS DE SU ÉPOCA QUE ESTUDIABAN LA EVOLUCIÓN, ASEGÚRATE DE CONSULTAR INFORMACIÓN FIABLE, COMO LOS TRABAJOS DE LOS HISTORIADORES DE LA CIENCIA ESPECIALISTAS EN EL TEMA QUE HEMOS UTILIZADO PARA ESTE TEBEO:

* PETER J. BOWLER (1995). *CHARLES DARWIN: EL HOMBRE Y SU INFLUENCIA*. ALIANZA EDITORIAL S.A.

* JANET BROWNE (2008). *CHARLES DARWIN. EL VIAJE. UNA BIOGRAFÍA VOL. I*. UNIVERSITAT DE VALÈNCIA.

* JANET BROWNE (2009). *CHARLES DARWIN. EL PODER DEL LUGAR. UNA BIOGRAFÍA VOL II*. UNIVERSITAT DE VALÈNCIA.

* JANET BROWNE (2007). *LA HISTORIA DE 'EL ORIGEN DE LAS ESPECIES' DE CHARLES DARWIN*. RANDOM HOUSE MONDADORI.

* ADRIAN DESMOND Y JAMES MOORE (1991). *DARWIN*. PENGUIN GROUP.

* THOMAS F. GLICK (2010) *DARWIN EN ESPAÑA*. UNIVERSITAT DE VALÈNCIA.

* J. M. LÓPEZ PIÑERO (2009) *CHARLES DARWIN*. UNIVERSITAT DE VALÈNCIA.

* MICHAEL RUSE (2008) *CHARLES DARWIN*. KATZ.

TAMBIÉN PUEDES LEER LAS OBRAS DE DARWIN EN TRADUCCIONES A TU IDIOMA. Y PUEDES LEER LOS TEXTOS ORIGINALES EN INGLÉS EN LA WEB THE COMPLETE WORKS OF CHARLES DARWIN ONLINE: DARWIN-ONLINE.ORG.UK/

DARWIN
LA EVOLUCIÓN DE LA TEORÍA

GALILEO
EL MENSAJERO DE LAS ESTRELLAS
JORDI BAYARRI
DANI SEIJAS

NEWTON
LA GRAVEDAD EN ACCIÓN
JORDI BAYARRI
DANI SEIJAS

MARIE CURIE
LA ACTIVIDAD DEL RADIO
JORDI BAYARRI
DANI SEIJAS

JORDI BAYARRI
JESÚS HUGUET
RAMÓN Y CAJAL
UNA VIDA AL MICROSCOPIO

ARISTÓTELES
EL DESEO DE SABER
JORDI BAYARRI
DANI SEIJAS

HIPATIA
LA VERDAD EN LAS MATEMÁTICAS
JORDI BAYARRI
DANI SEIJAS

E=
EINSTEIN
EL SALTO CUÁNTICO
JORDI BAYARRI
DANI SEIJAS

ADA LOVELACE
LA ENCANTADORA DE NÚMEROS
JORDI BAYARRI
DANI SEIJAS

PASTEUR
LA REVOLUCIÓN MICROBIANA
JORDI BAYARRI
DANI SEIJAS

MARY ANNING
CAZADORA DE DRAGONES
JORDI BAYARRI
DANI SEIJAS

AVICENA
EL CANON DE LA MEDICINA
JORDI BAYARRI
DANI SEIJAS

COPÉRNICO
EL CENTRO DEL UNIVERSO
JORDI BAYARRI
DANI SEIJAS